目 次

前言	Ⅲ
引言	Ⅴ
1 范围	1
2 术语和定义	1
3 工程量清单编制	3
3.1 一般规定	3
3.2 分部分项工程	3
3.3 措施项目	4
3.4 其他项目	4
3.5 规费	4
3.6 税金	4
4 工程量清单及工程计价格式	5
4.1 工程量清单格式	5
4.2 工程计价格式	6
附录 A（规范性附录） 地质灾害防治工程工程量清单项目及计算规则	8
附录 B（规范性附录） 措施项目工程量清单项目及计算规则	38
附录 C（规范性附录） 工程计价文件封面	44
附录 D（规范性附录） 工程计价文件扉页	46
附录 E（规范性附录） 工程计价总说明	48
附录 F（规范性附录） 工程项目总价表	49
附录 G（规范性附录） 分部分项工程和措施项目计价表	50
附录 H（规范性附录） 其他项目计价表	54
附录 I（规范性附录） 规费、税金项目计价表	60
附录 J（规范性附录） 主要材料、工程设备一览表	61

前　言

本规范按照 GB/T 1.1—2009《标准化工作导则　第 1 部分：标准的结构和编写》给出的规则起草。

本规范附录 A～附录 J 为规范性附录。

本规范由中国地质灾害防治工程行业协会提出。

本规范由全国国土资源标准化技术委员会水文地质、工程地质、环境地质分技术委员会(TC93/SC2)归口管理。

本规范主要起草单位：中国国土资源经济研究院。

本规范主要起草人：张鹏、白雪华、张超宇、林燕华、侯冰、吴宝和、宋利军。

本规范由中国地质灾害防治工程行业协会负责解释。

引 言

为适应地质灾害防治行业规范化管理的需要,提高地质灾害防治工程工程量清单编制质量,制定了本规范。

本规范依据国务院《地质灾害防治条例》(国务院〔2003〕第394号令)、《国务院关于加强地质灾害防治工作的决定》(国发〔2011〕20号),结合地质灾害防治工程行业自身特点编制。

本规范内容分为四部分,包括范围、术语和定义、工程量清单编制、工程量清单及工程计价格式、附录。

地质灾害防治工程工程量清单计价规范(试行)

1 范围

本规范规定了地质灾害防治工程工程量清单的编制和计价工作。根据《中华人民共和国招投标法》和现行国家标准《建设工程工程量清单计价规范》(GB 50500—2013)制定本规范。

本规范适用于崩塌、滑坡、泥石流、地面塌陷、地裂缝、地面沉降等地质灾害防治工程的工程量清单编制和计价工作。

2 术语和定义

下列术语和定义适应于本规范。

2.1
工程量清单 bills of quantities(BQ)

载明建设工程分部分项工程项目、措施项目、其他项目的名称和相应数量以及规费、税金项目等内容的明细清单。

2.2
招标工程量清单 BQ for tendering

招标人依据国家标准、招标文件、设计文件以及施工现场实际情况编制的,随招标文件发布供投标报价的工程量清单,包括其说明和表格。

2.3
分部分项工程 work sections and trades

分部分项工程是单项或单位工程的组成部分,是按结构部位、施工特点或施工任务将单项或单位工程划分为若干分部的工程;分项工程是分部工程的组成部分,是按不同施工方法、材料、工序等将分部工程划分为若干个分项或项目的工程。

2.4
措施项目 preliminaries

为完成工程项目施工,发生于该工程施工准备和施工过程中的技术、生活、安全、环境保护等方面的项目。措施项目分为两类,一类是不能计算工程量的项目,如安全文明施工、夜间施工等,以"项"计价,称为"总价措施项目";另一类是可计算工程量的项目,如脚手架、模板等,以"量"计价,称为"单价措施项目"。

2.5
项目编码 item code

采用十二位阿拉伯数字表示(由左至右计位)。一至九位为统一编码,其中一、二位为地质灾害防治工程顺序码,三、四位为专业工程顺序码,五、六位为分类工程顺序码,七至九位为分项工程顺序码,十至十二位为清单项目名称顺序码。

2.6

项目特征 item description

构成分部分项工程项目、措施项目自身价值的本质特征。

2.7

综合单价 all-in unit rate

完成一个规定清单项目所需要的人工费、材料和工程设备费、施工机具使用费和企业管理费、利润以及一定范围内的风险费用。

2.8

暂列金额 provisional sum

招标人在工程量清单中暂定并包括在合同价款中的一笔款项。用于工程合同签订时尚未确定或者不可预见的所需材料、工程设备、服务的采购,施工中可能发生的工程变更、合同约定调整因素出现时的合同价款调整以及发生的索赔、现场签证确认等费用。

2.9

暂估价 prime cost sum

招标人在工程量清单中提供的用于支付必然发生但暂时不能确定价格的材料、工程设备的单价以及专业工程的金额。

2.10

计日工 dayworks

在施工过程中,承包人完成发包人提出的工程合同范围以外的零星项目或工作,按合同中约定的单价计价的一种方式。

2.11

总承包服务费 main contractor's attendance

总承包人为配合协调发包人进行的专业工程发包,对发包人自行采购的材料、工程设备等进行保管以及施工现场管理、竣工资料汇总整理等服务所需的费用。

2.12

安全文明施工费 health, safety and environmental provisions

在合同履行过程中,承包人按照国家法律、法规、标准等规定,为保证安全施工、文明施工,保护现场内外环境和搭拆临时设施等所采用的措施而发生的费用。

2.13

发包人 employer

具有工程发包主体资格和支付工程价款能力的当事人以及取得该当事人资格的合法继承人,本规范有时又称招标人。

2.14

承包人 contractor

被发包人接受的具有工程施工承包主体资格的当事人以及取得该当事人资格的合法继承人,本规范有时又称投标人。

2.15

招标控制价 tender sum limit

招标人根据国家或省级、行业建设主管部门颁发的有关计价依据和办法,以及拟定的招标文件和招标工程量清单,结合工程具体情况编制的招标工程的最高投标限价。

2.16
投标价 tender sum

投标人投标时响应招标文件要求所报出的对已标价工程量清单汇总后标明的总价。

2.17
预付款 advance payment

在开工前,发包人按照合同约定,预先支付给承包人用于购买合同工程施工所需的材料、工程设备,以及组织施工机械和人员进场等的款项。

2.18
进度款 interim payment

在合同工程施工过程中,发包人按照合同约定对付款周期内承包人完成的合同价款给予支付的款项,也是合同价款期中结算支付。

3 工程量清单编制

3.1 一般规定

3.1.1 招标工程量清单应由具有编制能力的招标人或受其委托、具有相应资质的工程造价咨询人编制。

3.1.2 招标工程量清单必须作为招标文件的组成部分,其准确性和完整性应由招标人负责。

3.1.3 招标工程量清单是工程量清单计价的基础,应作为编制招标控制价、投标报价、计算或调整工程量、索赔等的依据之一。

3.1.4 招标工程量清单应以单位(项)工程为单位编制,应由分部分项工程量清单、措施项目清单、其他项目清单、规费和税金项目清单组成。

3.1.5 措施项目中的安全文明施工费必须按国家或省级、行业建设主管部门的规定计算,不得作为竞争性费用。

3.1.6 规费和税金必须按国家或省级、行业建设主管部门的规定计算,不得作为竞争性费用。

3.2 分部分项工程

3.2.1 工程量清单应根据附录A和附录B规定的项目编码、项目名称、项目特征、计量单位、工程量计算规则和工作内容进行编制。

3.2.2 工程量清单的项目编码,应采用十二位阿拉伯数字表示,一至九位应按附录A和附录B的规定设置,十至十二位应根据拟建工程的工程量清单项目名称和项目特征设置,同一招标工程的项目编码不得有重码。

3.2.3 工程量清单的项目名称应按附录A和附录B的项目名称结合拟建工程的实际确定。

3.2.4 工程量清单项目特征应按附录A和附录B中规定的项目特征,结合拟建工程项目的实际予以描述。

3.2.5 工程量清单中所列工程量应按附录A和附录B中规定的工程量计算规则计算。

3.2.6 工程量清单的计量单位应按附录A和附录B中规定的计量单位确定。

3.2.7 工程计量时每一项目汇总的有效位数应遵守下列规定:

  a) 以"t""km"为单位,应保留小数点后三位数字,第四位小数四舍五入。

b) 以"m""m²""m³""kg"为单位,应保留小数点后两位数字,第三位小数四舍五入。
c) 以"个""根""株""丛""束""套""台""支""座"为单位,应取整数。

3.3 措施项目

3.3.1 措施项目中列出了项目编码、项目名称、项目特征、计量单位、工程量计算规则的项目,编制工程量清单时,应按照本规范 3.2 分部分项工程的规定执行。

3.3.2 措施项目中仅列出项目编码、项目名称,未列出项目特征、计量单位和工程量计算规则的项目,编制工程量清单时,应按本规范附录 B 措施项目工程量清单项目及计算规则规定的项目编码、项目名称确定。

3.3.3 措施项目清单应根据拟建工程的实际情况列项。

3.4 其他项目

3.4.1 其他项目清单应按照下列内容列项:
  a) 暂列金额。
  b) 暂估价,包括材料暂估单价、工程设备暂估单价、专业工程暂估价。
  c) 计日工。
  d) 总承包服务费。

3.4.2 暂列金额应根据工程特点按有关计价规定估算。

3.4.3 暂估价中的材料、工程设备暂估价应根据工程造价信息或参照市场价格估算列出明细表,专业工程暂估价应分不同专业按有关计价规定估算列出明细表。

3.4.4 计日工应列出项目名称、计量单位和暂估数量。

3.4.5 总承包服务费应列出服务项目及其内容等。

3.4.6 出现本规范 3.4.1 条未列的项目,应根据工程实际情况补充。

3.5 规费

3.5.1 规费项目清单应按照下列内容列项:
  a) 社会保险费:包括养老保险费、失业保险费、医疗保险费、工伤保险费、生育保险费。
  b) 住房公积金。

3.5.2 出现本规范 3.5.1 条未列的项目,应根据省级政府或省级有关部门的规定列项。

3.6 税金

3.6.1 税金项目清单应包括下列内容:
  a) 增值税。
  b) 城市维护建设税。
  c) 教育费附加。
  d) 地方教育附加。
  e) 环境保护税。

3.6.2 出现本规范 3.6.1 条未列的项目,应根据税务部门的规定列项。

4 工程量清单及工程计价格式

4.1 工程量清单格式

4.1.1 工程量清单宜采用统一格式。参考本规范附录C至附录J。

4.1.2 工程量清单格式应由下列内容组成：

a) 招标工程量清单封面(附录C中C.1)。
b) 招标工程量清单扉页(附录D中D.1)。
c) 总说明(附录E)。
d) 分部分项工程量清单与计价表(附录G中G.1)。
e) 单价措施项目清单与计价表(附录G中G.2)。
f) 总价措施项目清单与计价表(附录G中G.4)。
g) 其他项目清单与计价汇总表(附录H中H.1)。
   1) 暂列金额明细表(附录H中H.2)。
   2) 材料(工程设备)暂估单价及调整表(附录H中H.3)。
   3) 专业工程暂估价表(附录H中H.4)。
   4) 计日工表(附录H中H.5)。
   5) 总承包服务费计价表(附录H中H.6)。
h) 规费、税金项目计价表(附录I)。
i) 发包人提供材料和工程设备一览表(附录J中J.1)。
j) 承包人提供主要材料和工程设备一览表(附录J中J.2)。

4.1.3 工程量清单的编制应符合下列规定：

a) 扉页应按规定内容填写、签字、盖章，由造价人员编制的工程量清单应有负责审核的造价工程师签字、盖章。受委托编制的工程量清单，应有造价工程师签字、盖章以及工程造价咨询人盖章。

b) 总说明填写：
   1) 工程概况：地质灾害防治工程名称及所在地区、工作区的位置及地理坐标；地质灾害类型、规模、危害对象；交通条件(指外部通往工作区的交通条件和工作区内的交通条件)，以及材料的运输距离、运输方式(机械运输，人力挑、抬等)。主要治理措施、建设规模、工程特征、计划工期、施工现场实际情况、环境保护要求等。
   2) 工程招标和专业工程发包范围。
   3) 工程量清单编制依据。
   4) 招标人供应的材料、施工设备、施工设施简要说明。
   5) 其他需要说明的问题。

c) 分部分项工程量清单填写：
   1) 项目编码，按本规范规定填写，一至九位应按附录的规定设置，十至十二位应根据拟建工程的工程量清单项目名称和项目特征设置，同一招标工程的项目编码不得有重码。
   2) 项目名称，应按本规范附录A和附录B中的项目名称，参照行业有关规定，并结合拟建工程的实际确定。

3) 项目特征描述,应按本规范附录A和附录B中的项目特征描述,结合拟建工程项目的实际予以描述。
4) 计量单位,应按本规范附录A和附录B中规定的计量单位确定。
5) 工程量,应按本规范附录A和附录B中规定的工程量计算规则计算。

d) 措施项目清单填写。按招标文件确定的措施项目名称填写,凡能列出工程数量并按单价结算的措施项目均应列入单价措施项目清单,其余列入总价措施项目清单。

e) 其他项目清单填写。按招标文件确定的其他项目名称、金额填写。

4.2 工程计价格式

4.2.1 投标报价宜采用统一格式。参考本规范附录C至附录J。

4.2.2 投标报价表应由下列内容组成:

a) 投标总价封面(附录C中C.2)。
b) 投标总价扉页(附录D中D.2)。
c) 总说明(附录E)。
d) 工程项目总价表(附录F)。
e) 分部分项工程量清单与计价表(附录G中G.1)。
f) 单价措施项目清单与计价表(附录G中G.2)。
g) 综合单价分析表(附录G中G.3)。
h) 总价措施项目清单与计价表(附录G中G.4)。
i) 其他项目清单与计价汇总表(附录H中H.1):
   1) 暂列金额明细表(附录H中H.2)。
   2) 材料(工程设备)暂估单价及调整表(附录H中H.3)。
   3) 专业工程暂估价表(附录H中H.4)。
   4) 计日工表(附录H中H.5)。
   5) 总承包服务费计价表(附录H中H.6)。
j) 规费、税金项目计价表(附录I)。
k) 发包人提供材料和工程设备一览表(附录J中J.1)。
l) 承包人提供主要材料和工程设备一览表(附录J中J.2)。

4.2.3 投标报价的编制应符合下列规定:

a) 投标人不得随意增加、删除或涂改招标人提供的工程量清单中的任何内容。
b) 投标报价表格中所有要求盖章、签字的地方,必须由规定的单位和人员盖章、签字(其中法定代表人也可由其授权委托的代理人签字、盖章)。
c) 总说明应按下列内容填写:
   1) 工程概况:地质灾害防治工程名称及所在地区、工作区的位置及地理坐标;地质灾害类型、规模、危害对象;交通条件(指外部通往工作区的交通条件和工作区内的交通条件),以及材料的运输距离、运输方式(机械运输,人力挑、抬等)。主要治理措施、建设规模、工程特征、计划工期、施工现场实际情况、环境保护要求等。
   2) 编制依据。
   3) 其他需要说明的问题。

4.2.4 综合单价中应包括招标文件中划分的应由投标人承担的风险范围及其费用,招标文件中没有明确的,应提请招标人明确。

4.2.5 分部分项工程和措施项目中的单价项目,应根据招标文件和招标工程量清单项目中的特征描述确定综合单价计算。

4.2.6 其他项目应按下列规定报价:

a) 暂列金额应按招标工程量清单中列出的金额填写。
b) 材料、工程设备暂估价应按招标工程量清单中列出的单价计入综合单价。
c) 专业工程暂估价应按招标工程量清单中列出的金额填写。
d) 计日工应按招标工程量清单中列出的项目和数量,自主确定综合单价并计算计日工金额。
e) 总承包服务费应根据招标工程量清单中列出的内容和提出的要求自主确定。

4.2.7 招标工程量清单中列明的所有需要填写单价和合价的项目,投标人均应填写且只允许有一个报价。未填写单价和合价的项目,可视为此项费用已包含在已标价工程量清单中其他项目的单价和合价之中。当竣工结算时,此项目不得重新组价予以调整。

4.2.8 投标总价应当与分部分项工程费、措施项目费、其他项目费和规费、税金的合计金额一致。

附 录 A
（规范性附录）
地质灾害防治工程工程量清单项目及计算规则

A.1 排导工程

A.1.1 排导工程

工程量清单的项目编码、项目名称、项目特征、计量单位、工程量计算规则应按表 A.1 的规定执行。

表 A.1 排导工程（编号：650101）

项目编码	项目名称	项目特征	计量单位	工程量计算规则	工作内容
650101001	排（截）水沟	1. 断面尺寸 2. 土类分级 3. 岩石级别 4. 运距 5. 混凝土强度等级及配合比 6. 石料种类、规格 7. 砂浆强度等级及配合比	m	按设计图示尺寸以长度计量	1. 土石方开挖 2. 土石方回填 3. 混凝土配料、拌和、运输 4. 砌石 5. 预制件 6. 排水孔 7. 砂浆制作、运输 8. 抹面 9. 模板安装、拆卸
650101002	导流堤	1. 土类分级 2. 岩石级别 3. 混凝土强度等级及配合比 4. 钢筋型号、规格 5. 涵管材质、规格	m³	按设计图示尺寸以体积计量	1. 土石方开挖 2. 模板安装、拆卸 3. 混凝土配料、拌和、运输 4. 钢筋制作、安装 5. 预制件 6. 涵管
650101003	防护堤	1. 土类分级 2. 岩石级别 3. 运距 4. 混凝土强度等级及配合比 5. 石料种类、规格 6. 砂浆强度等级及配合比			1. 土石方开挖 2. 土石方回填 3. 混凝土配料、拌和、运输 4. 砌石 5. 预制件 6. 模板安装、拆卸 7. 砂浆制作、运输 8. 抹面 9. 伸缩缝

表 A.1 排导工程(编号:650101)(续)

项目编码	项目名称	项目特征	计量单位	工程量计算规则	工作内容
650101004	排水隧洞（廊道）	1. 断面尺寸 2. 土类分级 3. 岩石级别 4. 运距 5. 混凝土强度等级及配合比 6. 钢筋型号、规格 7. 喷射材料、喷射厚度 8. 灌浆孔布置 9. 孔向、孔径及孔深	m	按设计图示尺寸以长度计量	1. 土石方开挖 2. 土石方回填 3. 混凝土配料、拌和、运输 4. 钢筋制作、安装 5. 钢支撑架设 6. 预制件 7. 喷射混凝土 8. 锚杆制作、安装 9. 模板安装、拆卸 10. 灌浆孔 11. 灌浆
650101005	排导槽	1. 断面尺寸 2. 土类分级 3. 岩石级别 4. 运距 5. 混凝土强度等级及配合比 6. 石料种类、规格 7. 砂浆强度等级及配合比 8. 涵管材质、规格			1. 土石方开挖 2. 土石方回填 3. 混凝土配料、拌和、运输 4. 砌石 5. 预制件 6. 模板安装、拆卸 7. 砂浆制作、运输 8. 抹面 9. 伸缩缝 10. 涵管铺设
650101006	盲沟	1. 品种 2. 断面积 3. 规格			1. 挖土 2. 运料 3. 铺筑 4. 包土工布 5. 回填土 6. 弃土
650101007	排水孔	1. 岩石级别 2. 孔位、孔向、孔径及孔深 3. 钻孔合格标准		按设计图示尺寸以有效钻孔进尺计量	1. 钻孔、洗孔、孔位转移 2. 填料、插管 3. 检查、验收
650101008	排水管	1. 材质 2. 规格 3. 铺设方式		按设计图示尺寸以长度计量	1. 制作 2. 垫座砌筑 3. 铺设 4. 接口 5. 排水管及辅助材料运输
650101009	其他排导工程				

A.1.2 说明

排导工程主要用于滑坡、泥石流等地质灾害的防治,也可根据需要用于其他地质灾害的防治。

A.2 加固工程

A.2.1 加固工程

工程量清单的项目编码、项目名称、项目特征、计量单位、工程量计算规则应按表 A.2 的规定执行。

表 A.2 加固工程（编号:650102）

项目编码	项目名称	项目特征	计量单位	工程量计算规则	工作内容
650102001	封填危岩（石）腔缝	1. 土质及含水量 2. 混凝土强度等级及配合比 3. 灌浆孔布置 4. 孔向、孔径及孔深 5. 成孔方法 5. 检测方法 6. 石料种类、规格 7. 勾缝要求	m³	按设计图示尺寸以填筑体体积计量	1. 黏土回填 2. 混凝土配料、拌和、运输 3. 灌浆 4. 排水孔 5. 砌石 6. 勾缝 7. 材料运输
650102002	危岩（石）体支顶	1. 土类分级 2. 岩石级别 3. 混凝土强度等级及配合比 4. 石料种类、规格 5. 钢筋规格、尺寸 6. 砂浆强度等级及配合比	m³	按设计图示尺寸以体积计量	1. 土石方开挖 2. 混凝土配料、拌和、运输 3. 砌石 4. 钢筋制作、安装 5. 砂浆制作、运输 6. 抹面 7. 模板安装、拆卸
650102003	危岩（石）体锚固	1. 岩石类别 2. 锚杆（锚索）类型 3. 锚孔深度 4. 锚固剂	根（束）	按设计图示要求以有效根数计量	1. 锚杆（锚索）制作 2. 打孔 3. 安装 4. 注浆
650102004	预应力锚索（杆）加固	1. 材质 2. 孔向、孔径及孔深 3. 锚杆直径及外露长度 4. 锚索（杆）及附件加工标准 5. 预应力强度 6. 砂浆强度及注浆形式			1. 布孔、钻孔 2. 砂浆制作、运输 3. 锚索（杆）及附件加工、锚固 4. 锚索（杆）张拉 5. 拉拔试验

表A.2 加固工程(编号:650102)(续)

项目编码	项目名称	项目特征	计量单位	工程量计算规则	工作内容
650102005	格构锚固	1. 土类分级 2. 岩石级别 3. 格构的结构形式 4. 混凝土强度等级及配合比 5. 锚杆、锚索规格、型号	m^2	按设计图示尺寸以面积计量	1. 土石方开挖 2. 土石方回填 3. 混凝土配料、拌和、运输 4. 模板安装、拆卸 5. 锚杆、锚索加工安装
650102006	注浆加固	1. 井筒净径 2. 注浆深度 3. 浆液类别	m	按注浆段设计长度计量	1. 浆液制作 2. 压水试验 3. 注浆
650102007	锚喷支护	1. 断面特征 2. 锚杆类型 3. 锚孔深度 4. 锚固剂 5. 钢筋网 6. 喷射材料 7. 强度等级 8. 喷浆部位、厚度	m^3	按设计图示尺寸以体积计量	1. 锚杆制作 2. 混凝土配料、拌和、运输 3. 钻孔 4. 锚杆安装 5. 钢筋网 6. 喷射混凝土
650102008	岩石面喷浆	1. 材质 2. 喷浆部位、厚度 3. 砂浆强度等级及配合比 4. 运距	m^2	按设计图示尺寸以喷浆面积计量	1. 岩面浮石撬挖及清洗 2. 材料装运卸 3. 砂浆配料、施喷、养护 4. 回弹物清理
650102009	砌石护坡	1. 土类分级 2. 岩石级别 3. 垫层材料种类、厚度 4. 护坡厚度、高度 5. 石料种类、规格 6. 勾缝要求 7. 砂浆强度等级、配合比	m^3	按设计图示尺寸以体积计量	1. 土石方开挖 2. 土石方回填 3. 砂浆制作、运输 4. 砌石 5. 勾缝、抹面 6. 反滤层 7. 排水孔
650102010	石灰桩	1. 地层情况 2. 空桩长度、桩长 3. 桩径 4. 成孔方法 5. 掺合料种类、配合比	m	按设计图示尺寸以桩长(包括桩尖)计量	1. 成孔 2. 混合料制作、运输、夯填

表 A.2 加固工程(编号:650102)(续)

项目编码	项目名称	项目特征	计量单位	工程量计算规则	工作内容
650102011	恢复原地下水位	1. 土类分级 2. 岩石级别 3. 运距 4. 混凝土抗渗、抗冻、抗磨等要求 5. 混凝土级配、拌制要求 6. 砂浆强度等级及配合比 7. 氯丁橡胶板规格 8. 灌浆孔布置 9. 孔向、孔径及孔深	m³	按设计图示尺寸以体积计量	1. 土石方开挖 2. 土石方回填 3. 防渗混凝土配料、拌和、运输 4. 防水砂浆抹面 5. 氯丁橡胶板安装 6. 灌浆孔 7. 灌浆 8. 抽水
650102012	控制地下水位				
650102013	压浆阻水				1. 土石方开挖 2. 土石方回填 3. 防渗混凝土配料、拌和、运输 4. 防水砂浆抹面 5. 氯丁橡胶板安装 6. 灌浆孔 7. 灌浆
650102014	沟床铺砌	1. 沟截面尺寸、砌筑厚度 2. 土类分级 3. 岩石级别 4. 垫层材料种类、厚度 5. 石料种类、规格 6. 勾缝要求 7. 砂浆强度等级、配合比	m³	按设计图示尺寸以体积计量	1. 土石方开挖 2. 土石方回填 3. 砂浆制作、运输 4. 砌石 5. 勾缝 6. 材料运输

表 A.2 加固工程（编号：650102）（续）

项目编码	项目名称	项目特征	计量单位	工程量计算规则	工作内容
650102015	回填夯实	1. 土类分级 2. 岩石级别 3. 混凝土抗渗、抗冻、抗磨等要求 4. 混凝土级配、拌制要求 5. 砂浆强度等级及配合比 6. 运距 7. 防水材料铺设 8. 夯击能量、遍数 9. 夯击点布置形式、间距 10. 夯填材料种类	m^3	按设计图示尺寸以体积计量	1. 土石方开挖 2. 土石方回填 3. 防渗混凝土 4. 防水砂浆抹面 5. 氯丁橡胶板安装 6. 强夯场地 7. 连砂石回填
650102016	强夯地基	1. 夯击能量 2. 夯击遍数 3. 夯击点布置形式、间距 4. 地耐力要求 5. 夯填材料种类	m^2	按设计图示处理范围以面积计算	1. 铺设夯填材料 2. 强夯 3. 夯填材料运输
650102017	振冲密实（不填料）	1. 岩土类别 2. 振密深度 3. 孔距			1. 振冲加密 2. 泥浆运输
650102018	振冲桩加固地基	1. 岩土类别 2. 填料种类及材质 3. 孔位、孔距、孔径及孔深 4. 检测方法	m	按设计图示尺寸计算的有效振冲成孔长度计量	1. 振冲试验、选择施工参数 2. 填料运输、检验 3. 填料振实、逐段加密 4. 桩体密实度和承载力等检验
650102019	其他加固工程				

A.2.2 说明

加固工程主要用于崩塌、滑坡、地面塌陷、地裂缝、地面沉降等地质灾害的防治，也可根据需要用于其他地质灾害的防治。

A.3 防护工程

A.3.1 防护工程

工程量清单的项目编码、项目名称、项目特征、计量单位、工程量计算规则应按表 A.3 的规定执行。

表 A.3 防护工程（编号：650103）

项目编码	项目名称	项目特征	计量单位	工程量计算规则	工作内容
650103001	拦石墙	1. 土类分级 2. 岩石级别 3. 运距 4. 混凝土强度等级及配合比 5. 砂浆强度等级及配合比 6. 石料种类、规格	m³	按设计图示尺寸以体积计量	1. 土石方开挖 2. 土石方回填 3. 混凝土配料、拌和、运输 4. 砌石 5. 排水孔 6. 砂浆制作、运输 7. 抹面 8. 缓冲层、落石槽 9. 模板安装、拆卸
650103002	抗滑键	1. 土类分级 2. 岩石级别 3. 运距 4. 混凝土强度等级及配合比 5. 石料种类、规格			1. 土石方开挖 2. 土石方回填 3. 混凝土配料、拌和、运输 4. 砌石 5. 模板安装、拆卸
650103003	混凝土灌注抗滑桩	1. 土类分级 2. 岩石级别 3. 桩位、桩型、桩径、桩长 4. 成孔方法 5. 混凝土强度等级及配合比			1. 土石方开挖 2. 桩机械成孔 3. 混凝土配料、拌和、运输 4. 加工、吊放钢筋笼 5. 抗滑桩预埋件 6. 模板安装、拆卸
650103004	锚拉抗滑桩	1. 土类分级 2. 岩石级别 3. 成孔方法 4. 混凝土强度等级及配合比 5. 钢筋型号、规格 6. 锚索类型			1. 土石方开挖 2. 混凝土配料、拌和、运输 3. 钢筋制作、安装 4. 模板安装、拆卸 5. 锚索制作、安装 6. 抗滑桩预埋件 7. 桩机械成孔

表 A.3 防护工程(编号:650103)(续)

项目编码	项目名称	项目特征	计量单位	工程量计算规则	工作内容
650103005	小口径组合抗滑桩	1. 土类分级 2. 岩石级别 3. 成孔方法 4. 桩位、桩距、桩径、桩长 5. 钢筋型号、规格 6. 混凝土强度等级及配合比	m	按设计图示尺寸以桩长计量	1. 成孔 2. 混凝土配料、拌和、运输 3. 钢筋制作、安装 4. 抗滑桩预埋件 5. 混凝土灌注、养护
650103006	被动柔性防护网	1. 防护网的材质与型号 2. 防护网的尺寸 3. 网格尺寸	m²	按设计图示的安装面积计量,压边和搭接长度不增加面积	1. 防护网的采购与贮存 2. 加强锚杆 3. 安装与验收
650103007	主动柔性防护网				
650103008	抗滑挡墙	1. 土类分级 2. 岩石级别 3. 运距 4. 混凝土强度等级及配合比 5. 石料种类、规格 6. 砂浆强度等级及配合比 7. 石笼规格	m³	按设计图示尺寸以体积计量	1. 土石方开挖 2. 土石方回填 3. 混凝土配料、拌和、运输 4. 砌石 5. 排水孔 6. 反滤层 7. 黏土封填 8. 伸缩缝 9. 砂浆制作、运输 10. 抹面 11. 石笼制作、砌筑
650103009	桩板墙	1. 土类分级 2. 岩石级别 3. 运距 4. 混凝土强度等级及配合比 5. 钢筋型号、规格			1. 土石方开挖 2. 土石方回填 3. 混凝土配料、拌和、运输 4. 钢筋制作、安装 5. 模板安装、拆卸 6. 桩机械成孔
650103010	加筋挡土墙	1. 土类分级 2. 岩石级别 3. 运距 4. 混凝土强度等级及配合比 5. 钢筋型号、规格 6. 聚丙烯土工带规格			1. 土石方开挖 2. 土石方回填 3. 混凝土配料、拌和、运输 4. 钢筋制作、安装 5. 聚丙烯土工带铺设 6. 模板安装、拆卸

表 A.3 防护工程(编号:650103)(续)

项目编码	项目名称	项目特征	计量单位	工程量计算规则	工作内容
650103011	干砌石挡墙	1. 土类分级 2. 岩石级别 3. 运距 4. 石料种类、规格 5. 砂浆强度等级及配合比 6. 勾缝要求	m³	按设计图示尺寸以体积计量	1. 土石方开挖 2. 土石方回填 3. 砌石 4. 排水孔 5. 反滤层 6. 伸缩缝 7. 砂浆制作、运输 8. 勾缝
650103012	浆砌石挡墙	1. 土类分级 2. 岩石级别 3. 运距 4. 砂浆强度等级及配合比 5. 石料种类、规格 6. 勾缝要求			1. 土石方开挖 2. 土石方回填 3. 砂浆制作、运输 4. 砌石 5. 排水孔 6. 反滤层 7. 伸缩缝 8. 勾缝
650103013	混凝土挡墙	1. 土类分级 2. 岩石级别 3. 运距 4. 混凝土强度等级及配合比 5. 石料种类、规格 6. 砂浆强度等级及配合比			1. 土石方开挖 2. 土石方回填 3. 混凝土配料、拌和、运输 4. 砌石 5. 排水孔 6. 反滤层 7. 伸缩缝 8. 砂浆制作、运输 9. 抹面
650103014	格栅坝	1. 土类分级 2. 岩石级别 3. 坝基地基处理 4. 运距 5. 混凝土强度等级及配合比 6. 石料种类、规格 7. 钢材型号、规格 8. 钢筋型号、规格			1. 土石方开挖 2. 土石方回填 3. 地基加固 4. 混凝土配料、拌和、运输 5. 砌石 6. 模板安装、拆卸 7. 砂浆制作、运输 8. 抹面 9. 钢构件加工、安装 10. 高弹性钢丝网 11. 钢筋制作、安装 12. 桩机械成孔

表 A.3 防护工程(编号:650103)(续)

项目编码	项目名称	项目特征	计量单位	工程量计算规则	工作内容
650103015	防冲墙	1. 土类分级 2. 岩石级别 3. 运距 4. 混凝土强度等级及配合比 5. 石料种类、规格 6. 砂浆强度等级及配合比	m³	按设计图示尺寸以体积计量	1. 土石方开挖 2. 土石方回填 3. 混凝土配料、拌和、运输 4. 砌石 5. 模板安装、拆卸 6. 砂浆制作、运输 7. 抹面 8. 伸缩缝
650103016	重力式实体坝	1. 土类分级 2. 岩石级别 3. 坝基地基处理 4. 运距 5. 混凝土强度等级及配合比 6. 钢筋型号、规格 7. 石料种类、规格 8. 砂浆强度等级及配合比			1. 土石方开挖 2. 土石方回填 3. 地基加固 4. 混凝土配料、拌和、运输 5. 砌石 6. 模板安装、拆卸 7. 砂浆制作、运输 8. 抹面 9. 钢筋制作、安装 10. 桩机械成孔
650103017	浆砌石重力坝	1. 土类分级 2. 岩石级别 3. 坝基地基处理 4. 运距 5. 石料种类、规格 6. 砂浆强度等级及配合比			1. 土石方开挖 2. 土石方回填 3. 地基加固 4. 砌石 5. 模板安装、拆卸 6. 砂浆制作、运输 7. 抹面
650103018	浆砌石拱坝				
650103019	防冲墩	1. 土类分级 2. 岩石级别 3. 运距 4. 混凝土强度等级及配合比 5. 石料种类、规格 6. 砂浆强度等级及配合比			1. 土石方开挖 2. 土石方回填 3. 混凝土配料、拌和、运输 4. 砌石 5. 模板安装、拆卸 6. 砂浆制作、运输 7. 抹面 8. 伸缩缝
650103020	其他防护工程				

A.3.2 说明

防护工程主要用于崩塌、滑坡、泥石流等地质灾害的防治,也可根据需要用于其他地质灾害的防治。

A.4 减载工程

A.4.1 减载工程

工程量清单的项目编码、项目名称、项目特征、计量单位、工程量计算规则应按表 A.4 的规定执行。

表 A.4 减载工程（编号：650104）

项目编码	项目名称	项目特征	计量单位	工程量计算规则	工作内容
650104001	危岩(石)体清除	1. 岩石级别 2. 钻爆特性 3. 运距	m³	按设计图示轮廓尺寸计算的有效自然方体积计量	1. 测量放线标点 2. 钻孔、爆破 3. 安全处理 4. 解小、清理 5. 装、运、卸 6. 渣场平整
650104002	消方减载	1. 土类分级 2. 岩石级别 3. 钻爆特性 4. 运距			1. 测量放线标点 2. 土石方开挖 3. 钻孔、爆破 4. 安全处理 5. 解小、清理 6. 装、运、卸 7. 土石方回填
650104003	回填压脚				
650104004	其他减载工程				

A.4.2 说明

减载工程主要用于崩塌、滑坡等地质灾害的防治，也可根据需要用于其他地质灾害的防治。

A.5 固源工程

A.5.1 固源工程

工程量清单的项目编码、项目名称、项目特征、计量单位、工程量计算规则应按表 A.5 的规定执行。

表 A.5 固源工程(编号:650105)

项目编码	项目名称	项目特征	计量单位	工程量计算规则	工作内容
650105001	潜坝	1. 土类分级 2. 岩石级别 3. 钻爆特性 4. 运距 5. 混凝土强度等级及规格 6. 石料种类、规格 7. 砂浆强度等级及配合比 8. 抹面厚度	m³	按设计图示尺寸以体积计量	1. 测量放线标点 2. 土石方开挖 3. 钻孔、爆破 4. 安全处理 5. 土石方回填 6. 混凝土配料、拌和、运输 7. 砌石 8. 模板安装、拆卸 9. 抹面 10. 材料运输
650105002	谷坊群				
650105003	其他固源工程				

A.5.2 说明

固源工程主要用于泥石流等地质灾害的防治,也可根据需要用于其他地质灾害的防治。

A.6 防渗工程

A.6.1 防渗工程

工程量清单的项目编码、项目名称、项目特征、计量单位、工程量计算规则应按表 A.6 的规定执行。

表 A.6 防渗工程(编号:650106)

项目编码	项目名称	项目特征	计量单位	工程量计算规则	工作内容
650106001	防水材料封闭	1. 土类分级 2. 岩石级别 3. 运距 4. 混凝土抗渗、抗冻、抗磨等要求 5. 混凝土级配、拌制要求 6. 砂浆强度等级及配合比 7. 氯丁橡胶板规格 8. 运距	m³	按设计图示尺寸以体积计量	1. 土石方开挖 2. 土石方回填 3. 防渗混凝土配料、拌和、运输 4. 防水砂浆抹面 5. 氯丁橡胶板安装
650106002	回填抹面封闭				
650106003	其他防渗工程				

A.6.2 说明

防渗工程主要用于地面塌陷、地裂缝、地面沉降等地质灾害的防治，也可根据需要用于其他地质灾害的防治。

A.7 生物工程

A.7.1 生物工程

工程量清单的项目编码、项目名称、项目特征、计量单位、工程量计算规则应按表 A.7 的规定执行。

表 A.7 生物工程（编号：650107）

项目编码	项目名称	项目特征	计量单位	工程量计算规则	工作内容
650107001	清除地被植物	植物种类	m²	按设计图示尺寸以面积计量	1. 清除植物 2. 废弃物运输 3. 场地清理
650107002	整理绿化用地	1. 回填土质要求 2. 取土运距 3. 回填厚度 4. 找平找坡要求 5. 弃渣运距	m²	按设计图示尺寸以面积计量	1. 排地表水 2. 土方挖、运 3. 耙查、过筛 4. 回填 5. 找平、找坡 6. 拍实 7. 废弃物运输
650107003	种植土回填	1. 回填土质要求 2. 取土运距 3. 回填厚度 4. 弃土运距	1. m³ 2. 株	1. 按设计图示回填面积乘以回填厚度以体积计量 2. 按设计图示数量计量	1. 土方挖、运 2. 回填 3. 找平、找坡 4. 废弃物运输
650107004	栽植乔木	1. 种类 2. 胸径或干径 3. 株高、冠径 4. 起挖方式 5. 养护期 6. 成活率	株	按设计图示数量计量	1. 起挖 2. 运输 3. 栽植 4. 养护
650107005	栽植竹类	1. 竹种类 2. 竹胸径或根盘丛径 3. 养护期 4. 成活率	株（丛）	按设计图示数量计量	1. 起挖 2. 运输 3. 栽植 4. 养护

表 A.7 生物工程(编号:650107)(续)

项目编码	项目名称	项目特征	计量单位	工程量计算规则	工作内容
650107006	栽植灌木	1. 种类 2. 根盘直径 3. 冠丛高 4. 蓬径 5. 起挖方式 6. 养护期 7. 成活率	1. 株 2. m²	1. 按设计图示数量计量 2. 按设计图示尺寸以绿化水平投影面积计量	1. 起挖 2. 运输 3. 栽植 4. 养护
650107007	栽植攀援植物	1. 植物种类 2. 地径 3. 单位长度株数 4. 养护期 5. 成活率	1. 株 2. m	1. 以株计量,按设计图示数量计量 2. 以米计量,按设计图示种植长度以延长米计量	1. 起挖 2. 运输 3. 栽植 4. 养护
650107008	喷播植草(灌木)籽	1. 基层材料种类规格 2. 草(灌木)籽种类 3. 养护期 4. 成活率	m²	按设计图示尺寸以绿化水平投影面积计量	1. 基层处理 2. 喷播 3. 覆盖 4. 养护
650107009	铺种草皮	1. 草皮种类 2. 铺种方式 3. 养护期 4. 成活率	m²	按设计图示尺寸以绿化水平投影面积计量	1. 起挖 2. 运输 3. 铺底砂(土) 4. 栽植 5. 养护
650107010	植草砖内植草	1. 草坪种类 2. 养护期 3. 成活率	m²	按设计图示尺寸以绿化水平投影面积计量	1. 起挖 2. 运输 3. 覆土(砂) 4. 铺设 5. 养护
650107011	嵌草砖(格)铺装	1. 垫层厚度 2. 铺设方式 3. 嵌草砖(格)品种、规格、颜色 4. 漏空部分填土要求	m²	按设计图示尺寸以面积计量	1. 原土夯实 2. 垫层铺设 3. 铺砖 4. 填土
650107012	其他生物工程				

A.7.2 说明

生物工程主要用于滑坡、泥石流等地质灾害的防治。也可根据需要用于其他地质灾害的防治。

A.7.3 其他相关问题应按下列规定处理

a) 挖土外运、借土回填、挖(凿)土(石)方应包括在相关项目内。

b) 苗木计算应符合下列规定：
　　1) 胸径应为地表面向上1.2 m高处树干直径。
　　2) 冠径又称冠幅，应为苗木冠丛垂直投影面的最大直径和最小直径之间的平均值。
　　3) 蓬径应为地灌木、灌丛垂直投影面的直径。
　　4) 地径应为地表面向上0.1 m高处树干直径。
　　5) 干径应为地表面向上0.3 m高处树干直径。
　　6) 株高应为地表面至树顶端的高度。
　　7) 冠丛高应为地表面至乔(灌)木顶端的高度。
　　8) 养护期应为招标文件中要求苗木种植结束后承包人负责养护的时间。

c) 土球包裹材料、树体输液保湿及喷洒生根剂等费用包含在相应项目内。

A.8 土石方开挖

A.8.1 土石方开挖

工程量清单的项目编码、项目名称、项目特征、计量单位、工程量计算规则应按表A.8的规定执行。

表A.8 土石方开挖（编号：650108）

项目编码	项目名称	项目特征	计量单位	工程量计算规则	工作内容
650108001	场地平整	1. 土类分级 2. 土量平衡 3. 运距	m^2	按设计图示场地平整面积计量	1. 测量放线标点 2. 清除植被及废弃物处理 3. 推、挖、填、压、找平 4. 弃土(取土)装、运、卸
650108002	挖一般土方	1. 土类分级 2. 开挖厚度 3. 运距	m^3	按设计图示轮廓尺寸计算的有效自然方体积计量	1. 测量放线标点 2. 处理渗水、积水 3. 支撑挡土板 4. 挖、装、运、卸 5. 弃土场平整
650108003	挖沟槽土方				
650108004	挖柱坑土方				
650108005	挖基坑土方				
650108006	挖渠道土方				

表 A.8 土石方开挖(编号:650108)

项目编码	项目名称	项目特征	计量单位	工程量计算规则	工作内容
650108007	挖冻土方	1. 开挖厚度 2. 运距	m³	按设计图示轮廓尺寸计算的有效自然方体积计量	1. 测量放线标点 2. 爆破 3. 开挖 4. 清理 5. 运输
650108008	挖平洞土方	1. 土类分级 2. 断面形式及尺寸 3. 洞长度 4. 运距			1. 测量放线标点 2. 处理渗水、积水 3. 通风、照明 4. 挖、装、运、卸 5. 安全处理 6. 弃土场平整
650108009	挖一般石方	1. 岩石级别 2. 钻爆特性 3. 运距			
650108010	挖坡面石方				
650108011	挖沟槽石方	1. 岩石级别 2. 断面形式及尺寸 3. 钻爆特性 4. 运距			1. 测量放线标点 2. 钻孔、爆破 3. 安全处理 4. 解小、清理 5. 装、运、卸 6. 施工排水 7. 渣场平整
650108012	挖坑石方				
650108013	挖平洞石方	1. 岩石级别及围岩类别 2. 地质及水文地质特性 3. 断面形式及尺寸 4. 钻爆特性 5. 运距			
650108014	挖砂砾石	1. 土类分级 2. 土石分界线 3. 开挖厚度 4. 运距			1. 测量放线标点,校验土石分界线 2. 挖、装、运、邪 3. 弃土场平整
650108015	预裂爆破	1. 岩石级别 2. 钻孔角度 3. 钻爆特性	m²	按设计图示尺寸计算的面积计量	1. 测量放线标点 2. 钻孔、爆破 3. 清理
650108016	大块孤石爆破	1. 岩石类别 2. 块度要求 3. 环境状况	m³	按设计图示尺寸以体积计量	1. 钻孔 2. 装药 3. 填塞 4. 网路 5. 警戒 6. 起爆 7. 检查 8. 二次破碎
650108017	其他土石方开挖工程				

A.8.2 其他相关问题应按下列规定处理

a) 土方工程的土类分级,按表 A.9 确定。土方体积折算系数,按表 A.10 确定。

b) 石方工程的岩石级别,按表 A.11 确定。石方体积折算系数,按表 A.12 确定。

c) 土石方开挖施工过程中增加的超挖量、施工附加量所发生的费用,应摊入有效工程量的工程单价中。

d) 开挖需要放坡时应根据设计文件中设计图或施工组织设计规定放坡,并计算相应自然方体积。如设计文件中设计图和施工组织设计无规定时,倒坡按照工程实体底部边界线垂直开挖,其他坡度按工程实体与土石方接触面计算开挖方量。

e) 开挖需要工作面时应根据设计文件中设计图或施工组织设计规定计算。如无规定,则不考虑工作面。

f) 土石方开挖工程均包括弃土、弃渣运输的工作内容,开挖与运输不在同一标段的工程,应分别选取开挖与运输的工作内容计量。

g) 夹有孤石的土方开挖,大于 0.7 m^3 的孤石按石方开挖计算。

表 A.9 一般工程土类分级表

土质级别	土质名称	坚固系数 f	自然湿容重/kg·m^{-3}	外形特征	鉴别方法
Ⅰ	1. 砂土 2. 种植土	0.5~0.6	16.19~17.17	疏松,黏着力差或易透水,略有黏性	用锹或略加脚踩开挖
Ⅱ	1. 壤土 2. 淤泥 3. 含壤种植土	0.6~0.8	17.17~18.15	开挖时能成块,并易打碎	用锹需用脚踩开挖
Ⅲ	1. 黏土 2. 干燥黄土 3. 干淤泥 4. 含少量砾石黏土	0.8~1.0	17.66~19.13	黏手,看不见砂粒或干硬	用锹需用力加脚踩开挖
Ⅳ	1. 坚硬黏土 2. 砾质黏土 3. 含卵石黏土	1.0~1.5	18.64~20.60	土壤结构坚硬,将土分裂后成块状或含黏粒砾石较多	用镐,三齿耙撬挖

表 A.10 土方体积折算系数表

天然密实度体积	虚方体积	夯实后体积	松填体积
0.77	1.00	0.67	0.83
1.00	1.30	0.87	1.08
1.15	1.50	1.00	1.25
0.92	1.20	0.80	1.00

注1:本表参考《房屋建筑与装饰工程工程量计算规范》(GB 50854—2013)。
注2:虚方指未经碾压、堆积时间≤1 a 的土壤。
注3:设计密实度超过规定的,填方体积按工程设计要求执行;无设计要求按各省、自治区、直辖市或行业建设行政主管部门规定的系数执行。

表 A.11 岩石类别分级表

岩石级别	岩石名称	实体岩石自然湿度时的平均容重 /kN·m^{-3}	净钻时间/min·m^{-1} 用直径 30 mm 合金钻头,凿岩机打眼(工作气压为 0.46 MPa)	极限抗压强度/MPa	坚固系数 f
V	1. 砂藻土及软的白垩岩 2. 硬的石炭纪的黏土 3. 胶结不紧的砾岩 4. 各种不坚实的页岩	14.72 19.13 18.64～21.58 19.62	≤3.5 (淬火钻头)	≤19.61	1.5～2
VI	1. 软的有孔隙的节理多的石灰岩及贝壳石灰岩 2. 密实的白垩岩 3. 中等坚实的页岩 4. 中等坚实的泥灰岩	21.58 25.51 26.49 22.56	4 (3.5～4.5) (淬火钻头)	19.61～39.23	2～4
VII	1. 水成岩卵石经石灰质胶结而成的砾岩 2. 风化的节理多的黏土质砂岩 3. 坚硬的泥质页岩 4. 坚实的泥灰岩	21.58 21.58 27.47 24.53	6 (4.5～7) (淬火钻头)	39.23～58.84	4～6
VIII	1. 角砾状花岗岩 2. 泥灰质石灰岩 3. 黏土质砂岩 4. 云母页岩及砂质页岩 5. 硬石膏	22.56 22.56 21.58 22.56 28.45	6.8 (5.7～7.7)	58.84～78.46	6～8
IX	1. 软的有风化较甚的花岗岩、片麻岩及正长岩 2. 滑石质的蛇纹岩 3. 密实的石灰岩 4. 水成岩卵石经硅质胶结的砾岩 5. 砂岩 6. 砂质石灰质的页岩	24.53 23.54 24.53 24.53 24.53 24.53	8.5 (7.8～9.2)	78.46～98.07	8～10
X	1. 白云岩 2. 坚实的石灰岩 3. 大理石 4. 石灰质胶结的致密的砂岩 5. 坚硬的砂质页岩	26.49 26.49 26.49 25.51 25.51	10 (9.3～10.8)	98.07～117.68	10～12

表 A.11 岩石类别分级表（续）

岩石级别	岩石名称	实体岩石自然湿度时的平均容重 /kN·m⁻³	净钻时间/min·m⁻¹ 用直径 30 mm 合金钻头，凿岩机打眼（工作气压为 0.46 MPa）	极限抗压强度/MPa	坚固系数 f
XI	1. 粗粒花岗岩 2. 特别坚实的白云岩 3. 蛇纹岩 4. 火成岩卵石经石灰质胶结的砾岩 5. 石灰质胶结的坚实的砂岩 6. 粗粒正长岩	27.47 28.45 25.51 27.47 26.49 26.49	11.2 (10.9～11.5)	117.68～137.30	12～14
XII	1. 有风化痕迹的安山岩及玄武岩 2. 片麻岩、粗面岩 3. 特别坚实的石灰岩 4. 火成岩卵石经硅质胶结的砾岩	26.49 25.51 28.45 25.51	12.2 (11.6～13.3)	137.30～156.91	14～16
XIII	1. 中粒花岗岩 2. 坚实的片麻岩 3. 辉绿岩 4. 玢岩 5. 坚实的粗面岩 6. 中粒正长岩	30.41 27.47 26.49 24.53 27.47 27.47	14.1 (13.1～14.8)	156.91～176.53	16～18
XIV	1. 特别坚实的细粒花岗岩 2. 花岗片麻岩 3. 闪长岩 4. 最坚实的石灰岩 5. 坚实的玢岩	32.37 28.45 28.45 30.41 26.49	15.5 (14.9～18.2)	176.53～196.14	18～20
XV	1. 安山岩、玄武岩、坚实的角闪岩 2. 最坚实的辉绿岩及闪长岩 3. 坚实的辉长岩及石英岩	30.41 28.45 27.47	20 (18.3～24)	196.14～245.18	20～25
XVI	1. 钙钠长石质橄榄石质玄武岩 2. 特别坚实的辉长岩、辉绿岩、石英岩及玢岩	32.37 29.43	＞24	＞245.18	＞25

表 A.12 石方体积折算系数

石方类别	天然密实度体积	虚方体积	松填体积	码方
石方	1.0	1.54	1.31	
块石	1.0	1.75	1.43	1.67
砂夹石	1.0	1.07	0.94	

注：本表参考《房屋建筑与装饰工程工程量计算规范》(GB 50854—2013)。

A.9 土石方填筑

A.9.1 土石方填筑

工程量清单的项目编码、项目名称、项目特征、计量单位、工程量计算规则应按表 A.13 的规定执行。

表 A.13 土石方填筑(编号:650109)

项目编码	项目名称	项目特征	计量单位	工程量计算规则	工作内容
650109001	一般土方填筑	1. 土质及含水量 2. 分层厚度及碾压遍数 3. 填筑体干密度、渗透系数 4. 运距	m³	按设计图示尺寸计算的填筑体有效压实方体积计量	1. 挖、装、运、卸 2. 分层铺料、平整、洒水、碾压
650109002	黏土料填筑				
650109003	人工掺和料填筑				
650109004	防渗风化料填筑				
650109005	反滤料填筑	1. 颗粒级配 2. 分层厚度及碾压遍数 3. 填筑体相对密度 4. 运距			
650109006	过渡层料填筑				
650109007	垫层料填筑				
650109008	袋装土方填筑	1. 土质要求 2. 装袋、封包要求 3. 运距		按设计图示尺寸计算的填筑体有效体积计量	1. 装土 2. 封包 3. 堆筑
650109009	石渣料填筑	1. 最大粒径限制 2. 压实要求 3. 运距		按设计图示尺寸计算的填筑体有效压实方体积计量	1. 确定填筑参数 2. 挖、装、运、卸 3. 分层铺料、平整、洒水、碾压

表 A.13 土石方填筑(编号:650109)(续)

项目编码	项目名称	项目特征	计量单位	工程量计算规则	工作内容
650109010	堆石料填筑	1. 颗粒级配 2. 分层厚度及碾压遍数 3. 填筑料相对密度 4. 运距	m^3	按设计图示尺寸计算的填筑体有效压实方体积计量	1. 确定填筑参数 2. 挖、装、运、卸 3. 分层铺料、平整、洒水、碾压
650109011	土工合成材料铺设	1. 材料性能 2. 铺设拼接要求	m^2	按设计图示尺寸计算的填筑体有效面积计量	1. 铺设 2. 接缝 3. 运输
650109012	石料抛投	1. 粒径 2. 抛投方式 3. 运距			1. 抛投准备 2. 装运 3. 抛投
650109013	钢筋笼块石抛投	1. 粒径 2. 笼体及网格尺寸 3. 抛投方式 4. 运距	m^3	按设计文件要求以抛投体积计量	1. 抛投准备 2. 笼体加工 3. 石料装运 4. 装笼、抛投
650109014	混凝土块抛投	1. 形状及尺寸 2. 抛投方式 3. 运距			1. 抛投准备 2. 装运 3. 抛投
650109015	其他土石方填筑工程				

A.9.2 其他相关问题应按下列规定处理:

a) 土方体积折算系数,按表 A.10 确定。石方体积折算系数,按表 A.12 确定。

b) 土石方填筑施工过程中增加的超填量、填筑体及基础的沉陷损失、填筑操作损耗、施工附加量等所发生的费用,应摊入有效工程量的工程单价中;抛投水下的抛填物,石料抛投体积按抛投石料的堆方体积计量,钢筋笼块石或混凝土块抛投体积按抛投钢筋笼或混凝土块的规格尺寸计算的体积计量。

c) 钢筋笼块石的钢筋笼加工,按设计文件要求和钢筋、钢构件加工及安装工程的计量计价规则计算,摊入钢筋笼块石抛投有效工程量的工程单价中。

A.10 砌筑工程

A.10.1 砌筑工程

工程量清单的项目编码、项目名称、项目特征、计量单位、工程量计算规则应按表 A.14 的规定执行。

表 A.14 砌筑工程（编号：650110）

项目编码	项目名称	项目特征	计量单位	工程量计算规则	工作内容
650110001	砌石台阶	1. 石料种类、规格 2. 台阶坡度 3. 砂浆强度等级	m²	按设计图示尺寸以水平投影面积计量	1. 选石料 2. 台阶砌筑
650110002	砌砖	1. 品种、规格及强度等级 2. 砂浆强度等级及配合比 3. 勾缝要求	m³	按设计图示尺寸计算的有效砌筑体积计量	砂浆拌和、砌筑、勾缝
650110003	钢筋（铅丝）石笼	1. 材质及规格 2. 笼体及网格尺寸			1. 笼体加工 2. 装运笼体就位 3. 块石装笼
650110004	干砌块石	材质及规格			1. 选石、修石 2. 砌筑、填缝、找平
650110005	浆砌块石	1. 材质及规格 2. 砂浆强度等级及配合比			1. 选石、修石、冲洗 2. 砂浆拌和、砌筑、勾缝
650110006	浆砌条料石	1. 材质及规格 2. 砂浆强度等级及配合比			
650110007	干砌混凝土预制块	强度等级及规格			砌筑
650110008	浆砌混凝土预制块	1. 强度等级及规格 2. 砂浆强度等级及配合比			冲洗、拌砂浆、砌筑、勾缝
650110009	砌体砂浆抹面	1. 砂浆强度等级及配合比 2. 抹面厚度 3. 分格缝宽度	m²	按设计图示尺寸计算的有效抹面面积计量	拌砂浆、抹面
650110010	砌体拆除	1. 拆除要求 2. 弃渣运距	m³	按设计图示尺寸计算的拆除体积计量	1. 有用料堆存 2. 弃渣装、运、卸 3. 清理
650110011	其他砌筑工程				

A.10.2 其他相关问题应按下列规定处理：

a) 砌筑工程施工过程中的超砌量、施工附加量、砌筑操作损耗等所发生的费用，应摊入有效工程量的工程单价中。

b) 钢筋(铅丝)石笼笼体加工和砌筑体拉结筋,按设计图示要求和钢筋钢构件加工的计量规则计算,分摊入钢筋(铅丝)石笼和埋有拉结筋砌筑体的有效工程量的工程单价中。

A.11 钢筋、钢构件加工及安装工程

A.11.1 钢筋、钢构件加工及安装工程

工程量清单的项目编码、项目名称、项目特征、计量单位、工程量计算规则应按表 A.15 的规定执行。

表 A.15 钢筋、钢构件加工及安装工程(编号:650111)

项目编码	项目名称	项目特征	计量单位	工程量计算规则	工作内容
650111001	钢筋加工及安装	1. 牌号 2. 型号、规格 3. 运距	t	按设计图示尺寸计算的有效重量计量	1. 机械性能试验 2. 除锈、调直、加工 3. 绑扎、丝扣连接(焊接)、安装
650111002	钢结构加工及安装	1. 材质 2. 牌号 3. 型号、规格 4. 运距			1. 机械性能试验 2. 除锈、调直、加工 3. 焊接、安装、埋设
650111003	金属防护栏	1. 防护栏材料种类、规格 2. 固定配件种类 3. 防护材料种类	m	按设计图示以防护栏中心线长度计量	1. 制作 2. 运输 3. 安装 4. 刷防护材料
650111004	钢筋笼	钢筋种类规格	t	按设计图示钢筋长度乘以单位理论质量计量	1. 钢筋笼制作、运输 2. 钢筋笼安装
650111005	标志牌	1. 材料种类、规格 2. 镌字规格、种类 3. 喷字规格、颜色 4. 油漆品种、颜色	个	按设计图示数量计量	1. 选料 2. 标志牌制作 3. 雕凿 4. 镌字、喷字 5. 运输、安装 6. 刷油漆
650111006	金属网(塑料网、编织网)	1. 类型 2. 规格	1. m² 2. t	1. 以平方米计量,按设计图示铺设面积计量 2. 以质量计量,按设计图示铺设面积以质量计量	各种网的制作、铺设
650111007	其他钢筋、钢构件加工及安装工程				

A.11.2 其他相关问题应按下列规定处理：

a) 钢筋、钢构件加工及安装工程中的施工架立筋、搭接、焊接、套筒连接、加工及安装过程中操作损耗等所发生的费用，应摊入有效工程量的工程单价中。

b) 钢构件加工及安装，指用钢材（如型材、管材、板材、钢筋等）制作的构件、埋件，工程量计算规则的有效重量中不扣减切肢、切边和孔眼的重量，不增加电焊条、铆钉和螺栓的重量。施工架立件、搭接、焊接、套筒连接、加工及安装过程中操作损耗等所发生的费用，应摊入有效工程量的工程单价中。

A.12 混凝土工程

A.12.1 混凝土工程

工程量清单的项目编码、项目名称、项目特征、计量单位、工程量计算规则应按表 A.16 的规定执行。

表 A.16 混凝土工程（编号：650112）

项目编码	项目名称	项目特征	计量单位	工程量计算规则	工作内容
650112001	普通混凝土	1. 部位及类型 2. 设计龄期、强度等级及配合比 3. 抗渗、抗冻、抗磨等要求 4. 级配、拌制要求 5. 运距	m^3	按设计图示尺寸计算的有效实体方体积计量	1. 冲（凿）毛、冲洗、清仓、铺水泥砂浆 2. 维护并保持仓内模板、钢筋及预埋件的准确位置 3. 配料、拌和、运输、平仓、振捣、养护 4. 混凝土植筋 5. 取样检验
650112002	碾压混凝土	1. 部位及工法 2. 设计龄期、强度等级及配合比 3. 抗渗、抗冻等要求 4. 碾压工艺和程序 5. 级配、拌制及切缝要求 6. 运距	m^3	按设计图示尺寸计算的有效实体方体积计量	1. 冲（刷）毛、冲洗、清仓、铺水泥砂浆 2. 配料、拌和、运输、平仓、碾压、养护 3. 混凝土植筋 4. 切缝 5. 取样检验
650112003	水下浇筑混凝土	1. 部位及类型 2. 强度等级及配合比 3. 级配、拌制要求 4. 运距	m^3	按设计图示浇注前后水下地形变化计算的有效体积计量	1. 清基、测量浇注前的水下地形 2. 配料、拌和、运输 3. 直升导管法连续浇筑 4. 测量浇注后水下地形，计算工程量 5. 混凝土植筋 6. 钻取芯样检验
650112004	膜袋混凝土	1. 部位及膜袋规格 2. 强度等级及配合比 3. 级配、拌制要求 4. 运距	m^3	按设计图示尺寸计算的有效实体方体积计量	1. 膜袋加工 2. 膜袋铺设 3. 混凝土植筋 4. 配料、拌和、运输、灌注 5. 取样检验

表 A.16 混凝土工程(编号:650112)(续)

项目编码	项目名称	项目特征	计量单位	工程量计算规则	工作内容
650112005	沥青混凝土	1. 沥青性能指标 2. 配合比及技术指标 3. 运距	m³ (m²)	按设计图示尺寸计算的有效实体方体积计量;封闭层以有效面积计量	1. 原料加热、配料及拌和 2. 保温运输、摊铺和碾压 3. 施工接缝及层间处理,封闭层施工 4. 混凝土植筋 5. 取样检验
650112006	预应力混凝土	1. 部位及类型 2. 结构尺寸及张拉等级 3. 强度等级及配合比 4. 对固定锚索位置及形状的钢管的要求 5. 张拉工艺和程序 6. 级配、拌制要求 7. 运距		按设计图示尺寸计算的有效实体方体积计量	1. 冲(凿)毛、冲洗 2. 锚索及其附件加工、运输、安装 3. 维护并保持模板、钢筋、锚索及预埋件的准确位置 4. 配料、拌和、运输、振捣、养护 5. 混凝土植筋 6. 张拉试验及张拉、灌浆封闭
650112007	预制混凝土构件	1. 构件结构尺寸 2. 强度等级及配合比 3. 吊运、堆存要求	m³	按设计图示尺寸计算的有效实体方体积计量	1. 立模、绑(焊)筋、清洗仓面 2. 维护并保持模板、钢筋、预埋件的准确位置 3. 配料、拌和、浇筑、养护 4. 混凝土植筋 5. 成品检验、吊运、堆存备用
650112008	预制混凝土模板				
650112009	预制预应力混凝土构件	1. 构件结构尺寸 2. 强度等级及配合比 3. 锚索及附件的加工安装标准 4. 施加预应力的程序 5. 吊运、堆存要求		按设计图示尺寸计算的有效实体方体积计量	1. 立模、绑(焊)筋及穿索钢管的安装定位 2. 配料、拌和、浇筑、养护 3. 锚索及附件加工安装 4. 张拉、封孔注浆、封闭锚头 5. 混凝土植筋 6. 成品检验、吊运、堆存备用
650112010	混凝土凿除	1. 凿除部位及断面尺寸 2. 运距		按设计图示凿除范围内的实体方体积计量	1. 凿除、清洗 2. 弃渣运输 3. 周围建筑物保护

表 A.16 混凝土工程(编号:650112)(续)

项目编码	项目名称	项目特征	计量单位	工程量计算规则	工作内容
650112011	混凝土预制件吊装	1. 结构类型、结构尺寸 2. 构件体积、重量	m³	按设计要求，以安装预制件的体积计量	1. 试吊装 2. 安装基础验收 3. 起吊装车、运输、吊装就位、撑拉固定 4. 填缝灌浆 5. 复检、焊接
650112012	伸缩缝	1. 伸缩缝部位 2. 填料的种类、规格	m²	按设计图示尺寸计算的有效面积计量	1. 制作 2. 安装 3. 维护
650112013	其他混凝土工程				

A.12.2 其他相关问题应按下列规定处理：

a) 普通混凝土中单个体积小于 0.1 m³ 的圆角或斜角，钢筋和金属件占用的空间体积小于 0.1 m³ 或截面积小于 0.1 m² 的孔洞、排水管、预埋管和凹槽等的工程量不予扣除。按设计要求对上述临时孔洞所回填的混凝土也不重复计量。施工过程中由于超挖引起的超填量，冲(凿)毛、拌和、运输和浇筑过程中的操作损耗所发生的费用(不包括以总价承包的混凝土配合比试验费)，应摊入有效工程量的工程单价中。

b) 混凝土冬季施工中对原材料(如砂石料)加温、热水拌和、成品混凝土的保温等措施发生的冬季施工增加费应包含在相应混凝土的工程单价中。

c) 碾压混凝土施工过程中由于超挖引起的超填量，冲(刷)毛、拌和、运输和碾压过程中的操作损耗所发生的费用(不包括配合比试验和生产性碾压试验的费用)，应摊入有效工程量的工程单价中。

d) 水下浇筑混凝土在拌和、运输和浇筑过程中的操作损耗所发生的费用，应摊入有效工程量的工程单价中。

e) 沥青混凝土施工过程中由于超挖引起的超填量及拌和、运输、浇筑、摊铺碾压过程中的操作损耗所发生的费用(不包括室内试验、现场试验和生产性试验的费用)，应摊入有效工程量的工程单价中。

f) 预应力混凝土中的钢筋、锚索、钢管、钢构件、埋件等所占用的空间体积不予扣除。锚索及其附件的加工、运输、安装、张拉、注浆封闭、混凝土浇筑过程中操作损耗等所发生的费用，应摊入有效工程量的工程单价中。

g) 预制混凝土构件、预制混凝土模板、预制预应力混凝土构件计算有效体积时，不扣除埋设于构件体内的埋件、钢筋、预应力锚索及附件等所占体积。预制混凝土价格包括预制、预制场内吊运、堆存等所发生的全部费用。

h) 伸缩缝工程中的缝中填料及其在加工及安装过程中的操作损耗所发生的费用,应摊入有效工程量的工程单价中。
i) 构成永久结构的混凝土工程有效实体、不周转使用的预制混凝土模板,按预制混凝土构件计量。
j) 预制混凝土工程中的模板、钢筋、埋件、预应力锚索及附件、加工及安装过程中操作损耗等所发生的费用,应摊入有效工程量的工程单价中。
k) 混凝土拌和与浇筑分属两个投标人时,价格分界点按招标文件的规定执行。
l) 当开挖与混凝土浇筑分属两个投标人时,混凝土工程按开挖实测断面计算工程量,相应由于超挖引起的超填量所发生的费用,不摊入混凝土有效工程的工程单价中。
m) 招标人如要求将模板使用费摊入混凝土工程单价中,各摊入模板使用费的混凝土工程单价应包括模板周转使用的摊销费。

A.13 原料开采及加工工程

A.13.1 原料开采及加工工程

工程量清单的项目编码、项目名称、项目特征、计量单位、工程量计算规则应按表 A.17 的规定执行。

表 A.17 原料开采及加工工程(编号:650113)

项目编码	项目名称	项目特征	计量单位	工程量计算规则	工作内容
650113001	黏性土料	1. 土料特性 2. 改善土料特性的措施 3. 开采条件 4. 运距	m^3	按设计文件要求的有效成品料体积计量	1. 清除植被 2. 开采运输 3. 改善土料特性 4. 堆存 5. 弃料处理
650113002	天然砂料	1. 天然级配 2. 开采条件 3. 开采、加工、运输流程 4. 成品料级配 5. 运距	1. t 2. m^3	1. 按设计文件要求的有效成品料重量计量 2. 按设计文件要求的有效成品料体积计量	1. 清除覆盖层 2. 原料开采运输 3. 筛分、清洗 4. 级配平衡及破碎 5. 成品运输、分类堆存 6. 弃料处理
650113003	天然卵石料				
650113004	人工砂料	1. 岩石级别 2. 开采、加工、运输流程 3. 成品料级配 4. 运距			1. 清除覆盖层 2. 钻孔爆破 3. 安全处理 4. 解小、清理 5. 原料装、运、卸 6. 破碎、筛分、清洗 7. 成品运输、分类堆存 8. 弃料处理
650113005	人工碎石料				

表 A.17 原料开采及加工工程(编号:650113)(续)

项目编码	项目名称	项目特征	计量单位	工程量计算规则	工作内容
650113006	块(堆)石料	1. 岩石级别 2. 石料规格 3. 钻爆特性 4. 运距	m³	按设计文件要求的有效成品料体积[条(料)石料按清料方]计量	1. 清除覆盖层 2. 钻孔、爆破 3. 安全处理 4. 解小、清面 5. 原料装、运、卸 6. 成品运输、堆存 7. 弃料处理
650113007	条(料)石料				1. 清除覆盖层 2. 人工开采 3. 清凿 4. 成品运输、堆存 5. 弃料处理
650113008	混凝土半成品料	1. 强度等级及配合比 2. 级配、拌制要求 3. 入仓温度 4. 运距	m³	按设计文件要求的混凝土拌和系统出机口的混凝土体积计量	1. 配料、拌和 2. 运输、入仓
650113009	其他原料开采及加工工程				

A.13.2 其他相关问题应按下列规定处理:

a) 土方开挖的土类分级,按表 A.9 确定。石方开挖的岩石分级,按表 A.11 确定。

b) 料场查勘及试验费用,清除植被层与弃料处理费用,开采、运输、加工、堆存过程中的操作损耗等所发生的费用,应摊入有效工程量的工程单价中。

c) 采挖、堆料区域的边坡、地面和弃料场的整治费用,按招标设计文件要求计算。

A.14 监测设备采购及安装工程

A.14.1 监测设备采购及安装工程

工程量清单的项目编码、项目名称、项目特征、计量单位、工程量计算规则应按表 A.18 的规定执行。

表 A.18 监测设备采购及安装工程(编号:650114)

项目编码	项目名称	项目特征	计量单位	工程量计算规则	工作内容
650114001	收敛计采购及安装	型号、规格	套(台、支、个等)	按设计图示要求以数量计量	1. 设备采购 2. 设备检验 3. 安装、埋设 4. 设备维护、巡视检查 5. 数据记录、分析
650114002	伸长计采购及安装				
650114003	测缝计采购及安装				
650114004	多点位移计采购及安装				
650114005	增量式位移计采购及安装				
650114006	钻孔倾斜仪采购及安装				
650114007	滑动测微计采购及安装				
650114008	三向位移计采购及安装				
650114009	应变计采购及安装				
650114010	自动雨量计采购及安装				
650114011	温度计采购及安装				
650114012	水位计采购及安装				
650114013	渗压计采购及安装				
650114014	流量计采购及安装				
650114015	压力盒采购及安装				
650114016	应力计采购及安装				
650114017	钢筋计采购及安装				
650114018	锚杆应力计采购及安装				
650114019	锚索测力计采购及安装				
650114020	地震仪采购及安装				
650114021	其他检测设备采购及安装工程				

A.14.2 其他相关问题应按下列规定处理：

a) 监测工程中的建筑工程项目执行附录 A 中 A.8～A.12 的工程量清单项目及计算规则，监测设备采购及安装工程包括设备费和安装工程费，在分类分项工程量清单中的单价或合价可分别以设备费、安装费分列表示。

b) 监测设备采购及安装工程工程量清单项目的工程量计算规则，按招标设计文件列示监测项目的各种仪器设备的数量计量。施工过程中仪表设备损耗、备品备件等所发生的费用，应摊入有效工程量的工程单价中。

附 录 B
（规范性附录）
措施项目工程量清单项目及计算规则

B.1 二次转运

B.1.1 二次转运

工程量清单的项目编码、项目名称、项目特征、计量单位、工程量计算规则应按表 B.1 的规定执行。

表 B.1 二次转运（编号：650201）

项目编码	项目名称	项目特征	计量单位	工程量计算规则	工作内容
650201001	砂石料运输	1. 运输方式 2. 运距	t	按成品料重量计量	材料装、运、卸
650201002	水泥运输		t	按成品料重量计量	
650201003	钢材运输		t	按成品料重量计量	
650201004	条（块、片、毛）石运输		m^3	按成品料体积[条（料）石料按清料方]计量	
650201005	木材运输		m^3	按成品料体积计量	
650201006	火工产品运输		t	按成品料重量计量	
650201007	油料运输		t		
650201008	其他二次转运				

B.2 脚手架工程

B.2.1 脚手架工程

工程量清单的项目编码、项目名称、项目特征、计量单位、工程量计算规则应按表 B.2 的规定执行。

表 B.2 脚手架工程（编号：650202）

项目编码	项目名称	项目特征	计量单位	工程量计算规则	工作内容
650202001	砌筑脚手架	1. 搭设方式 2. 墙体高度 3. 脚手架材质	m²	按墙的长度乘以墙的高度以面积计量	1. 场内、场外材料搬运 2. 搭、拆脚手架，斜道，上料平台 3. 安全网的铺设 4. 拆除脚手架后材料分类堆放
650202002	抹灰脚手架		m²	按抹灰墙面的长度乘以高度以面积计量	
650202003	悬空脚手架	1. 搭设方式 2. 悬挑宽度 3. 脚手架材质		按搭设的水平投影面积计量	
650202004	悬挑脚手架		m	按搭设长度乘以搭设层数以延长米计量	
650202005	满堂脚手架	1. 搭设方式 2. 搭设高度 3. 脚手架材质	m²	按搭设的水平投影面积计量	1. 场内、场外材料搬运 2. 搭、拆脚手架，斜道，上料平台 3. 安全网的铺设 4. 拆除脚手架后材料分类堆放
650202006	整体提升架	1. 搭设方式及启动装置 2. 搭设高度		按所服务对象的垂直投影面积计量	1. 场内、场外材料搬运 2. 选择附墙点与主体连接 3. 搭、拆脚手架，斜道，上料平台 4. 安全网的铺设 5. 测试电动装置、安全锁等 6. 拆除脚手架后材料分类堆放
650202007	其他脚手架工程				

B.2.2 其他相关问题应按下列规定处理

整体提升架包括 2 m 高的防护架体设施。

B.3 模板工程

B.3.1 模板工程

工程量清单的项目编码、项目名称、项目特征、计量单位、工程量计算规则应按表 B.3 的规定执行。

表 B.3 模板工程(编号:650203)

项目编码	项目名称	项目特征	计量单位	工程量计算规则	工作内容
650203001	普通模板	1. 类型及结构尺寸 2. 材料品种 3. 制作、组装、安装及拆卸标准(如强度、刚度、稳定性) 4. 支撑形式	m²	按设计图示建筑物体形、浇筑分块和跳块顺序要求所需有效立模面积计量	1. 制作、组装、运输、安装 2. 拆卸、修理、周转使用 3. 刷模板保护涂料、脱模剂
650203002	滑动模板	1. 类型及结构尺寸 2. 面板材料品种 3. 支撑及导向构件规格尺寸 4. 制作、组装、安装和拆卸标准(如强度、刚度、稳定性) 5. 动力驱动形式			1. 制作、组装、运输、安装、运行维护 2. 拆卸、修理、周转使用 3. 刷模板保护涂料、脱模剂
650203003	其他模板工程				

B.3.2 其他相关问题应按下列规定处理:

a) 立模面积为混凝土与模板的接触面积。
b) 模板工程中的普通模板包括平面模板、曲面模板、异型模板、预制混凝土模板。
c) 模板按招标设计图示混凝土建筑物结构体形、浇筑分块和跳块顺序要求所需有效立模面积计量。不与混凝土面接触的模板面积不予计量。模板面和支撑构件的制作、组装、运输、安装、埋设、拆卸及修理过程中操作损耗等所发生的费用,应摊入有效工程量的工程单价中。
d) 不构成混凝土永久结构、作为模板周转使用的预制混凝土模板,应计入吊运、吊装的费用。构成永久结构的预制混凝土模板,按预制混凝土构件计算。
e) 模板制作安装中所用钢筋、小型钢构件,应摊入相应模板有效工程量的工程单价中。
f) 模板工程结算的工程量,按实际完成进行周转使用的有效立模面积计算。

B.4 临时工程

B.4.1 临时工程

工程量清单的项目编码、项目名称、项目特征、计量单位、工程量计算规则应按表 B.4 的规定执行。

表 B.4 临时工程（编号：650204）

项目编码	项目名称	项目特征	计量单位	工程量计算规则	工作内容
650204001	导流明渠	1. 断面尺寸 2. 土类分级 3. 岩石级别 4. 混凝土强度等级及配合比 5. 钢筋型号、规格 6. 涵管材质、规格	m	按设计图示尺寸以长度计量	1. 土石方开挖 2. 混凝土配料、拌和、运输 3. 模板安装、拆卸 4. 钢筋制作、安装 5. 涵管铺设
650204002	围堰	1. 围堰类型 2. 围堰顶宽及底宽 3. 围堰高度 4. 填心材料	m^3	按设计图示尺寸以围堰体体积计量	1. 清理基地 2. 打、拔工具桩 3. 堆筑、填心、夯实 4. 拆除、清理围堰 5. 材料场内外运输
650204003	公路	1. 结构类型 2. 材料种类 3. 宽度	m	按设计图示尺寸以长度计量	1. 平整场地 2. 材料运输、铺设、夯实 3. 拆除、清理
650204004	便桥	1. 结构类型 2. 材料种类 3. 跨径 4. 宽度	座	按设计图示数量计量	1. 清理基底 2. 材料运输 3. 便桥搭设 4. 拆除、清理
650204005	施工仓库	1. 结构类型 2. 材料种类 3. 仓库面积	m^2	按设计图示尺寸以面积计量	1. 清理基底 2. 材料运输 3. 仓库搭设 4. 拆除、清理
650204006	办公、生活及文化福利建筑	1. 结构类型 2. 材料种类 3. 建筑面积			1. 清理基底 2. 材料运输 3. 房屋搭设 4. 拆除、清理
650204007	其他临时工程				

B.4.2 其他相关问题应按下列规定处理：

a) 围堰、截流体按设计图图示方量计算。
b) 公路基础、路面按设计图图示面积计算。
c) 修整旧路面按实修面积计算。
d) 架空运输道按运输道的长度计算。
e) 管道铺设与拆除以长度计算。
f) 卷扬机道按铺设或拆除的长度计算。
g) 电线路工程按架设长度计算。
h) 施工临时围护按围护的面积计算。

B.5 安全文明施工及其他措施项目

B.5.1 安全文明施工及其他措施项目

工程量清单的项目编码、项目名称、工作内容及包含范围应按表 B.5 的规定执行。

表 B.5 安全文明施工及其他措施项目（编号：650205）

项目编码	项目名称	工作内容及包含范围
650205001	安全文明施工	1. 环境保护：现场施工机械设备降低噪声、防扰民措施；水泥和其他易飞扬细颗粒建筑材料密闭存放或采取覆盖措施等；工程防扬尘洒水；土石方、建渣外运车辆防护措施等；现场污染源的控制、生活垃圾清理外运、场地排水排污措施；其他环境保护措施。 2. 文明施工："五牌一图"；现场围挡的墙面美化（包括内外粉刷、刷白、标语等）、压顶装饰；现场厕所便槽刷白、贴面砖，水泥砂浆地面或地砖，建筑物内临时便溺设施；其他施工现场临时设施的装饰装修、美化措施；现场生活卫生设施；符合卫生要求的饮水设备、淋浴、消毒等设施；生活用洁净燃料；防煤气中毒、防蚊虫叮咬等措施；施工现场操作场地的硬化；现场绿化、治安综合治理；现场配备医药保健器材、物品和急救人员培训；现场工人的防暑降温、电风扇、空调等设备及用电；其他文明施工措施。 3. 安全施工：施工安全监测，安全资料、特殊作业专项方案的编制，安全施工标志的购置及安全宣传；"三宝"（安全帽、安全带、安全网）、"四口"（楼梯口、电梯井口、通道口、预留洞口）、"五临边"（阳台周边、楼板周边、屋面围边、槽坑围边、卸料平台两侧），水平防护架、垂直防护架、外架封闭等防护；施工安全用电，包括配电箱三级配电、两级保护装置要求、外电防护措施；起重机、塔吊等起重设备（含井架、门架）和外用电梯的安全防护措施（含警示标志）及卸料平台的临边防护、层间安全门、防护棚等设施；建筑工地起重机械的检验检测；施工机具防护棚及其围栏的安全保护设施；施工安全防护通道；工人的安全防护用品、用具购置；消防设施与消防器材的配置；电气保护、安全照明设施；其他安全防护措施。 4. 临时设施：施工现场采用彩色、定型钢板，砖、混凝土砌块等围挡的安砌、维修、拆除
650205002	夜间施工	1. 夜间固定照明灯具和临时可移动照明灯具的设置、拆除。 2. 夜间施工时，施工现场交通标志、安全标牌、警示灯等的设置、移动、拆除。 3. 包括夜间照明设备及照明用电、施工人员夜班补助、夜间施工劳动效率降低等

表 B.5 安全文明施工及其他措施项目(编号:650205)(续)

项目编码	项目名称	工作内容及包含范围
650205003	冬雨季施工	1. 冬雨季施工时增加的临时设施(防寒保温、防雨设施)的搭设、拆除。 2. 冬雨季施工时,对砌体、混凝土等采用的特殊加温、保温和养护措施。 3. 冬雨季施工时,施工现场的防滑处理、对影响施工的雨雪的清除。 4. 包括冬雨季施工时施工人员的劳动保护用品、冬雨季施工劳动效率降低等
650205004	其他措施项目	小型临时设施摊销费,施工工具用具使用费,检验试验费,工程定位复测、工程点交、竣工场地清理、工程项目及设备仪表移交前的维护观察费

B.5.2 其他相关问题应按下列规定处理:

应根据工程实际情况计算措施项目费用,需要分摊的应合理计算摊销费用。

附 录 C
（规范性附录）
工程计价文件封面

C.1 招标工程量清单封面

_____工程

招标工程量清单

招 标 人：_____
　　　　　　　（单位盖章）

造价咨询人：_____
　　　　　　　（单位盖章）

年　月　日

C.2 投标总价封面

_____工程

投 标 总 价

投 标 人：_____

（单位盖章）

年　月　日

附 录 D
（规范性附录）
工程计价文件扉页

D.1 招标工程量清单扉页

<u>　　　　　　　　　　　　</u>工程

招标工程量清单

招 标 人：<u>　　　　　　　</u>　　　　　　　造价咨询人：<u>　　　　　　　</u>

　　　　　（单位盖章）　　　　　　　　　　　　　　（单位资质专用章）

法定代表人　　　　　　　　　　　　　　法定代表人
或其授权人：<u>　　　　　　　</u>　　　　　　或其授权人：<u>　　　　　　　</u>

　　　　　（签字或盖章）　　　　　　　　　　　　　（签字或盖章）

编 制 人：<u>　　　　　　　</u>　　　　　　　复 核 人：<u>　　　　　　　</u>

　　（造价人员签字盖专用章）　　　　　　　　　（造价工程师签字盖专用章）

编制时间：　　年　月　日　　　　　　　复核时间：　　年　月　日

D.2 投标总价扉页

投 标 总 价

招 标 人：_____

工 程 名 称：_____

投标总价（小写）：_____

（大写）：_____

投 标 人：_____

（单位盖章）

法定代表人
或其授权人：_____

（签字或盖章）

编 制 人：_____

（造价人员签字盖专用章）

时 间： 年 月 日

T/CAGHP 065.2—2019

附 录 E
（规范性附录）
工程计价总说明

总　说　明

工程名称：　　　　　　　　　　　　　　　　　　　　　　　　　　　第　页　共　页

附 录 F
（规范性附录）
工程项目总价表

工程项目总价表

工程名称： 第 页 共 页

序号	工程项目名称	金额/元	其中:暂估价/元
1	分部分项工程		
1.1			
1.2			
1.3			
1.4			
2	措施项目		—
2.1	其中:安全文明施工费		
3	其他项目		—
3.1	其中:暂列金额		—
3.2	其中:专业工程暂估价		—
3.3	其中:计日工		—
3.4	其中:总承包服务费		—
4	规费		—
5	税金		—
投标报价(总价)合计＝1＋2＋3＋4＋5			

注:本表适用于工程项目投标报价的汇总。

附 录 G
（规范性附录）
分部分项工程和措施项目计价表

G.1 分部分项工程量清单与计价表

分部分项工程量清单与计价表

工程名称：　　　　　　　　　　　　　　　　　　　　　　　　　　　　第　页　共　页

序号	项目编码	项目名称	项目特征描述	计量单位	工程量	金额/元		
						综合单价	合价	其中 暂估价
	本页小计							
	合　计							

注：为计取规费等的使用，可在表中增设"其中：'定额人工费'"。

G.2 单价措施项目清单与计价表

单价措施项目清单与计价表

工程名称： 第 页 共 页

序号	项目编码	项目名称	项目特征描述	计量单位	工程量	金额/元		其中
						综合单价	合价	暂估价
	本页小计							
	合　计							

注：为计取规费等的使用，可在表中增设"其中：'定额人工费'"。

G.3 综合单价分析表

综合单价分析表

工程名称： 第 页 共 页

项目编码		项目名称				计量单位			工程量	
清单综合单价组成明细											
定额编号	定额项目名称	定额单位	数量	单价/元				合价/元			
				人工费	材料费	机械费	管理费和利润	人工费	材料费	机械费	管理费和利润
人工单价			小计								
元/工日			未计价材料费								
清单项目综合单价												

材料费明细	主要材料名称、规格、型号	单位	数量	单价/元	合价/元	暂估单价/元	暂估合价/元
	其他材料费			—		—	
	材料费小计			—		—	

注1：如不使用省级或行业建设主管部门发布的计价依据，可不填定额编号、名称等。
注2：招标文件提供了暂估单价的材料，按暂估的单价填入表内"暂估单价"栏及"暂估合价"栏。

G.4 总价措施项目清单与计价表

总价措施项目清单与计价表

工程名称： 第 页 共 页

序号	项目编码	项目名称	计算基础	费率/%	金额/元	调整费率/%	调整后金额/元	备注
1		安全文明施工费						
2		夜间施工增加费						
3		冬雨季施工增加费						
4		其他措施费						
	合　计					—	—	

注1："计算基础"可为"定额人工费"、"定额人工费＋定额机械费"或"定额人工费＋定额机械费＋材料费"。
注2：按施工方案计算的措施费，若无"计算基础"和"费率"的数值，也可只填"金额"数值，但应在备注栏说明施工方案出处或计算方法。

编制人(造价人员)： 复核人(造价工程师)：

附 录 H
（规范性附录）
其他项目计价表

H.1 其他项目清单与计价汇总表

其他项目清单与计价汇总表

工程名称：　　　　　　　　　　　　　　　　　　　　　　　　　　　　　　第　页 共　页

序号	项目名称	金额/元	备注
1	暂列金额		明细详见暂列金额明细表
2	暂估价		
2.1	材料（工程设备）暂估价		明细详见材料（工程设备）暂估单价及调整表
2.2	专业工程暂估价		明细详见专业工程暂估价表
3	计日工		明细详见计日工表
4	总承包服务费		明细详见总承包服务计价表
	合　计		—
注：材料（工程设备）暂估价进入清单项目综合单价，此处不汇总。			

H.2 暂列金额明细表

暂列金额明细表

工程名称：　　　　　　　　　　　　　　　　　　　　　　　　　第　页　共　页

序号	项目名称	计量单位	暂定金额/元	备注
合计				—

注：此表由招标人填写，如不能详列，也可只列暂定金额总额，投标人应将上述暂列金额计入投标总价中。

H.3 材料(工程设备)暂估单价及调整表

材料(工程设备)暂估单价及调整表

工程名称：　　　　　　　　　　　　　　　　　　　　　　　　　　　　　第　页　共　页

序号	材料(工程设备)名称、规格、型号	计量单位	数量		暂估/元		确认/元		差额/元		备注
			暂估	确认	单价	合价	单价	合价	单价	合价	

注：此表由招标人填写"暂估单价"，并在备注栏说明暂估价的材料、工程设备拟用在哪些清单项目上，投标人应将上述材料、工程设备暂估单价计入工程量清单综合单价报价中。

H.4 专业工程暂估价表

专业工程暂估价表

工程名称：　　　　　　　　　　　　　　　　　　　　　　　　　　　第　页　共　页

序号	工程名称	工程内容	暂估金额/元	备注

注：此表"暂估金额"由招标人填写，投标人应将"暂估金额"计入投标总价中。

H.5 计日工表

计日工表

工程名称： 　　　　　　　　　　　　　　　　　　　　　　　　　　第　页　共　页

编号	项目名称	单位	暂定数量	实际数量	综合单价/元	合价/元	
						暂定	实际
一	人工						
1							
2							
3							
人工小计								
二	材料						
1							
2							
3							
4							
材料小计								
三	施工机械						
1							
2							
施工机械小计								
四、企业管理费和利润								
总　计								

注：此表项目名称、暂定数量由招标人填写。编制招标控制价时，单价由招标人按有关计价规定确定；投标时，单价由投标人自主报价，按暂定数量计算合价计入投标总价中。结算时，按发承包双方确认的实际数量计算合价。

H.6 总承包服务费计价表

总承包服务费计价表

工程名称： 第 页 共 页

序号	项目名称	项目价值/元	服务内容	计算基础	费率/%	金额/元
1	发包人发包专业工程					
2	发包人提供材料					
	合计		—	—	—	

注：此表项目名称、服务内容由招标人填写，编制招标控制价时，费率及金额由招标人按有关计价规定确定；投标时，费率及金额由投标人自主报价，计入投标总价中。

附 录 I
（规范性附录）
规费、税金项目计价表

规费、税金项目计价表

工程名称：　　　　　　　　　　　　　　　　　　　　　　　　　　　　　　　　　　　　　第　页　共　页

序号	项目名称	计算基础	计算基数	计算费率/%	金额/元
1	规费	定额人工费			
1.1	社会保险费	定额人工费			
(1)	养老保险费	定额人工费			
(2)	失业保险费	定额人工费			
(3)	医疗保险费	定额人工费			
(4)	工伤保险费	定额人工费			
(5)	生育保险费	定额人工费			
1.2	住房公积金	定额人工费			
2	税金				
2.1	增值税	分部分项工程费＋措施项目费＋其他项目费＋规费－按规定不计税的工程设备金额（不含增值税进项税额）			
2.2	城市维护建设税				
2.3	教育费附加				
2.4	地方教育附加				
2.5	环境保护税				
	合计				

编制人（造价人员）：　　　　　　　　　　　　　　　　　　　　　　　　复核人（造价工程师）：

附 录 J
（规范性附录）
主要材料、工程设备一览表

J.1 发包人提供材料和工程设备一览表

发包人提供材料和工程设备一览表

工程名称： 第 页 共 页

序号	材料（工程设备）名称、规格、型号	单位	数量	单价/元	交货方式	送达地点	备注

注：此表由招标人填写，供投标人在投标报价、确定总承包服务费时参考。

J.2 承包人提供主要材料和工程设备一览表

承包人提供主要材料和工程设备一览表

工程名称：　　　　　　　　　　　　　　　　　　　　　　　　　　　　　　第　页 共　页

序号	名称、规格、型号	单位	数量	风险系数/%	基准单价/元	投标单价/元	发承包人确认单价/元	备注

注1：此表由招标人填写除"投标单价"栏的内容，投标人在投标时自主确定投标单价。

注2：招标人应优先采用工程造价管理机构发布的单价作为基准单价，未发布的，通过市场调查确定其基准单价。